| content | page |
|---|---|
| Section / Exercises 1 | 2, 3 |
| Section / Exercises 2 | 4, 5 |
| Test 1/2 | 6 |
| Score | 7 |
| Tricks to memorize | 8 |
| Section / Exercises 3 | 9, 10 |
| Section / Exercises 4 | 11, 12 |
| Tricks to memorize | 13 |
| Test 3/4 | 14 |
| Score | 15 |
| Learning Tips | 16 |
| Section / Exercises 5 | 17, 18 |
| Section / Exercises 6 | 19, 20 |
| Learning Tips | 21 |
| Test 5/6 | 22 |

| content | page |
|---|---|
| Score | 23 |
| Section / Exercises 7 | 24, 25 |
| Important note | 26 |
| Section / Exercises 8 | 27, 28 |
| Test 7/8 | 29 |
| Score | 30 |
| Section / Exercises 9 | 31, 32 |
| Section / Exercises 10 | 33, 34 |
| Test 9/10 | 35 |
| Score | 36 |
| Section / Exercises 11 | 37, 38 |
| Section / Exercises 12 | 39, 40 |
| Final test instructions | 41 |
| The final tset | 42 |
| Paper certificate | 47 |
| Solutions | 49, 50 |

# Some tricks for saving the multiplication table with teacher John _ Mary.

11+12

9 + 10

7 + 8

5 + 6

3 + 4

1 + 2

## Section

# SECTION 1

$1 \times 1 = 1$

$2 \times 1 = 2$

$3 \times 1 = 3$

$4 \times 1 = 4$

$5 \times 1 = 5$

$6 \times 1 = 6$

$7 \times 1 = 7$

$8 \times 1 = 8$

$9 \times 1 = 9$

$10 \times 1 = 10$

$11 \times 1 = 11$

$12 \times 1 = 12$

# EXERCISES 1
## Put the right number ..

1 × 1 = 

 × 1 = 2

3 × 1 = 3

4 ×   = 4

5 × 1 = 5

6 × 1 = 

7 × 1 = 7

 × 1 = 8

9 × 1 = 9

10 ×   = 10

11 × 1 = 

 × 1 = 12

# SECTION 2

$1 \times 2 = 2$

$2 \times 2 = 4$

$3 \times 2 = 6$

$4 \times 2 = 8$

$5 \times 2 = 10$

$6 \times 2 = 12$

$7 \times 2 = 14$

$8 \times 2 = 16$

$9 \times 2 = 18$

$10 \times 2 = 20$

$11 \times 2 = 22$

$12 \times 2 = 24$

# EXERCISES 2
## Put the right number ..

... × 2 = 2

 2 × 2 = 4

 3 ×  = 6

 4 × 2 =

  × 2 = 10

 6 × 2 =

 7 ×  = 14

 8 ×  = 16

 9 × 2 =

  × 2 = 20

 11 × 2 = 22

 × 2 = 24

# TEST
## WHAT FITS TOGETHER? COMBINE

4 × 2 =

10 × 1 =

7 × 1 =

3 × 2 =

9 × 2 =

8 × 2 =

10

7

8

6

16

18

For each correct answer 4 degrees.
Score in next page (7)

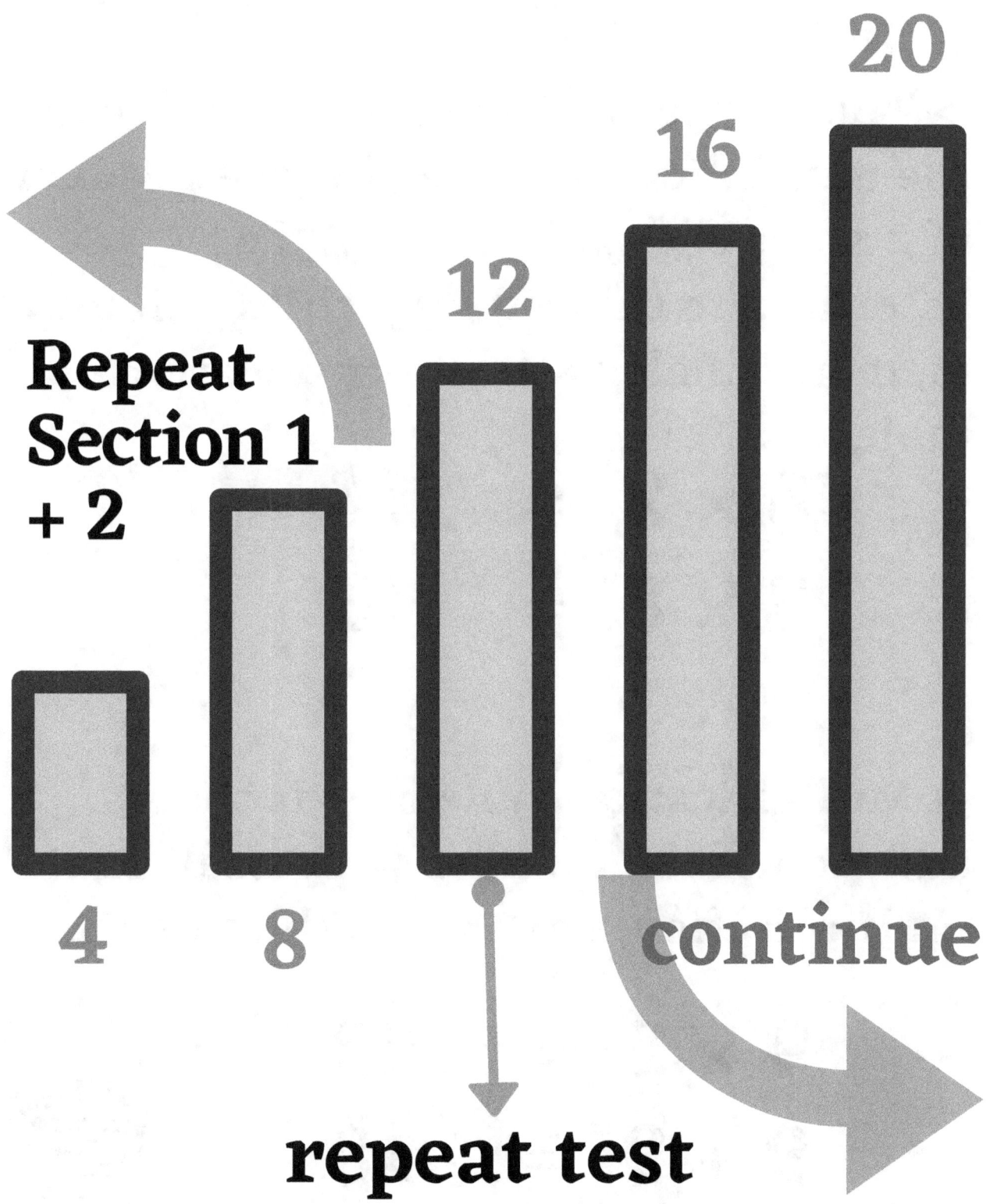

# Some tricks to memorize the multiplication table

> The best trick is to know the twins in the multiplication table, i.e. the product of 2 x 8 is the same as 8 x 2, i.e. according to this rule the child will only memorize half of the multiplication table.

$$8 \times 2 = 16$$
$$2 \times 8 = 16$$

> Multiplication table by 2 is the addition of the number with itself or its multiplication, i.e. 9 × 2 is the same as 9 + 9.

$$9 \times 2 = 18$$
$$9 + 9 = 18$$

# SECTION 3

1 × 3 = 3
2 × 3 = 6
3 × 3 = 9
4 × 3 = 12
5 × 3 = 15
6 × 3 = 18
7 × 3 = 21
8 × 3 = 24
9 × 3 = 27
10 × 3 = 30
11 × 3 = 33
12 × 3 = 36

# EXERCISES 3
## Put the right number ..

1 × 3 = 
2 × = 6
3 × 3 = 
4 × 3 = 
× 3 = 15
6 × 3 = 
7 × 3 = 
× 3 = 24
9 × 3 = 
10 × 3 = 
11 × = 33
12 × 3 =

# SECTION 4

$1 \times 4 = 4$

$2 \times 4 = 8$

$3 \times 4 = 12$

$4 \times 4 = 16$

$5 \times 4 = 20$

$6 \times 4 = 24$

$7 \times 4 = 28$

$8 \times 4 = 32$

$9 \times 4 = 36$

$10 \times 4 = 40$

$11 \times 4 = 44$

$12 \times 4 = 48$

# EXERCISES 4
## Put the right number ..

1 × 4 =
2 × 4 =
3 × 4 =
4 × 4 =
5 × 4 =
6 × 4 =
7 × 4 =
8 × 4 =
9 × 4 =
10 × 4 =
11 × 4 =
12 × 4 =

# SOME TRICKS TO MEMORIZE THE MULTIPLICATION TABLE

**It is somewhat close to multiplication table 2. Because when multiplying the number by 2, the result becomes twice and the multiplication table operation 4 is twice the times.
Like 2 x 4 = 8 is the same result when we say 2 + 2 + 2 + 2 = 8.
There is an easy way to learn it
4 x 5 =
5 + 5 + 5 + 5 = 20
or
4 + 4 + 4 + 4 + 4 = 20**

# TEST

Put a correct sign in front of the correct answer and a wrong sign in front of the wrong answer

| | |
|---|---|
| ✓ | 10 × 1 = 10 |
| ✗ | 6 × 4 = 16 |
| ☐ | 5 × 4 = 36 |
| ☐ | 8 × 3 = 24 |
| ☐ | 2 × 8 = 16 |
| ☐ | 9 × 3 = 4 |
| ☐ | 6 × 3 = 16 |
| ☐ | 5 × 2 = 10 |

For each correct answer 3 degrees. Score in next page (15)

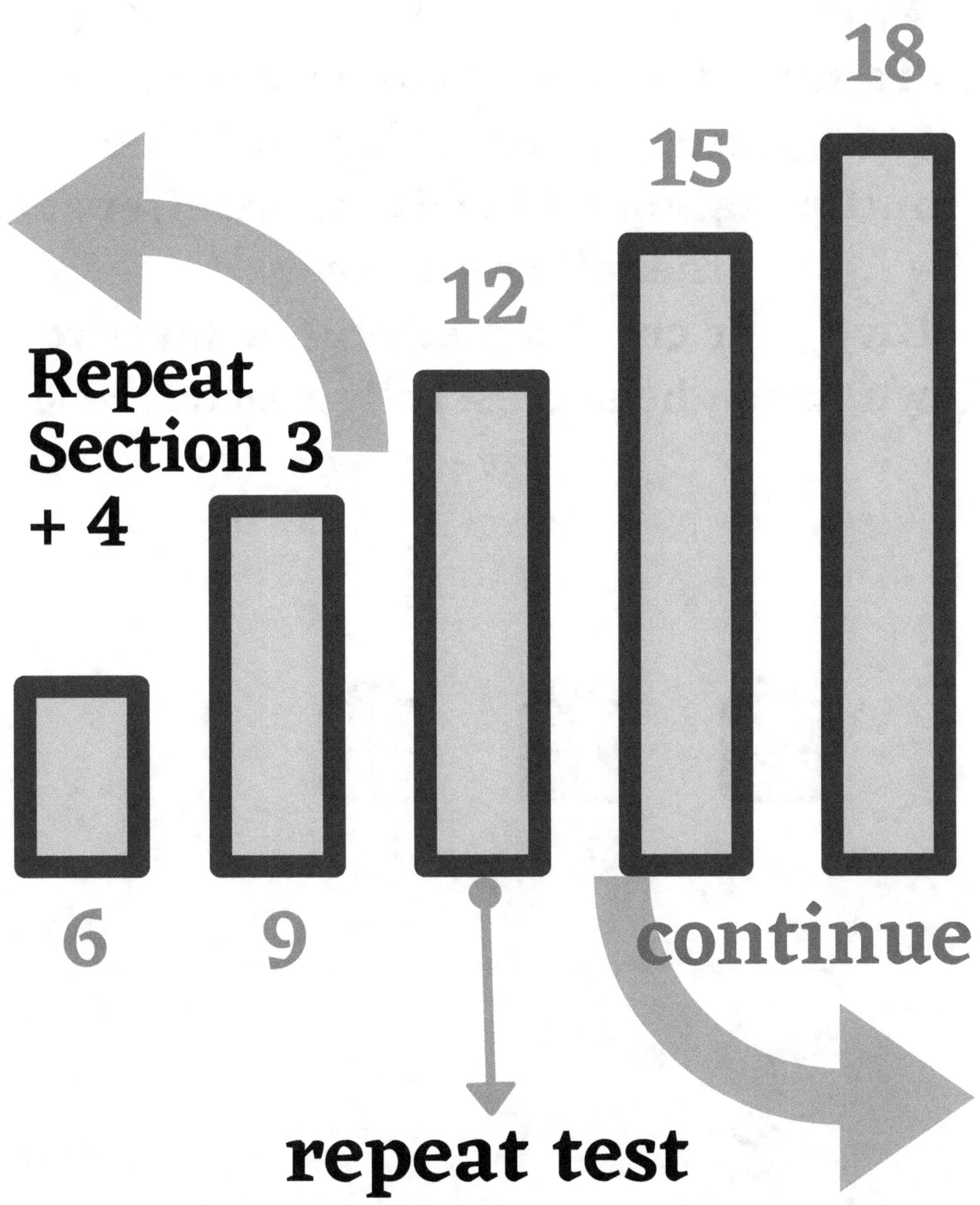

# LEARNING TIPS:

>To strengthen your child's educational impulse to practice learning the multiplication table with more effort at the following levels.
Give your child something he loves to own, when he successfully reaches level five.

# SECTION 5

$1 \times 5 = 5$

$2 \times 5 = 10$

$3 \times 5 = 15$

$4 \times 5 = 20$

$5 \times 5 = 25$

$6 \times 5 = 30$

$7 \times 5 = 35$

$8 \times 5 = 40$

$9 \times 5 = 45$

$10 \times 5 = 50$

$11 \times 5 = 55$

$12 \times 5 = 60$

# EXERCISES 5

1 × 5 = 5
2 × 5 =
3 × 5 =
  × 5 = 20
5 × 5 =
6 × 5 = 30
7 × 5 =
8 × 5 =
  × 5 = 45
10 × 5 = 50
11 ×   = 55
12 × 5 =

# SECTION 6

1 × 6 = 6
2 × 6 = 12
3 × 6 = 18
4 × 6 = 24
5 × 6 = 30
6 × 6 = 36
7 × 6 = 42
8 × 6 = 48
9 × 6 = 54
10 × 6 = 60
11 × 6 = 66
12 × 6 = 72

# EXERCISES 6

1 × 6 = 6
2 × 6 =
3 × 6 =
4 × = 24
5 × 6 =
6 × 6 =
7 × 6 = 42
8 × 6 =
× 6 = 54
10 × 6 =
11 × 6 =
× 6 = 72

# EFFECTIVE WAYS TO MEMORIZE THE CHILD'S MULTIPLICATION TABLE:

> One of the effective old ways is for parents to prepare an empty multiplication tables sheet that they fill with their children and when they are completed they put them in a place that the child sees permanently as the door of his room or his closet and then they review it daily before dinner for example but without any pressure on the child, and the basic rule here is that they The more they exercise, the better they learn.

# TEST
## Write down the correct result

$3 \times 9$ 

$5 \times 6$ 

$7 \times 4$ 

$9 \times 5$ 

$12 \times 4$ 

$8 \times 5$ 

$2 \times 8$ 

$11 \times 3$ 

For each correct answer 3 degrees.
Score in next page (23)

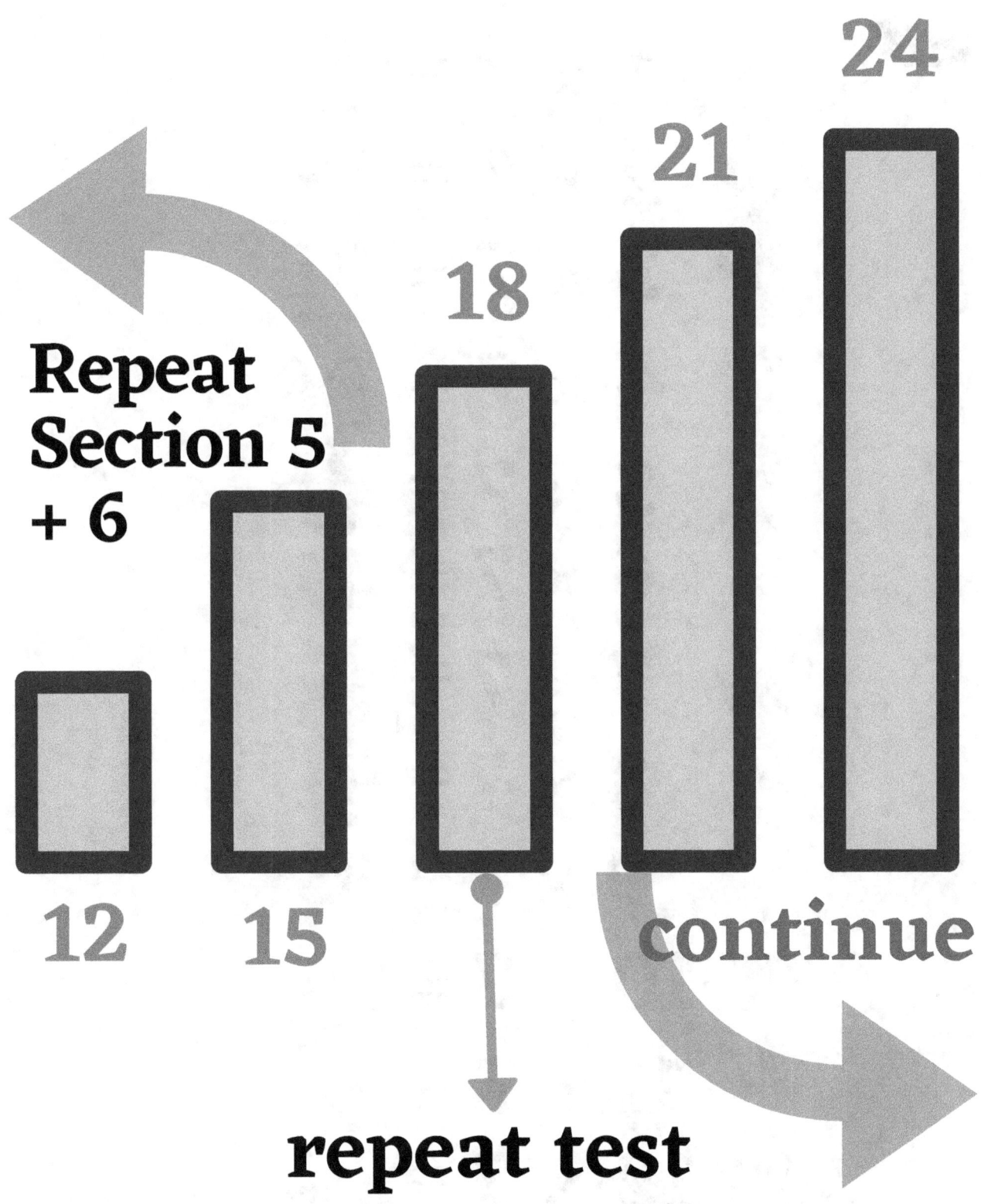

# SECTION 7

$1 \times 7 = 7$

$2 \times 7 = 14$

$3 \times 7 = 21$

$4 \times 7 = 28$

$5 \times 7 = 35$

$6 \times 7 = 42$

$7 \times 7 = 49$

$8 \times 7 = 56$

$9 \times 7 = 63$

$10 \times 7 = 70$

$11 \times 7 = 77$

$12 \times 7 = 84$

# EXERCISES 7

1 × 7 = ..............

2 × 7 = ..............

3 × 7 = ..............

4 × 7 = ..............

5 × 7 = ..............

6 × 7 = ..............

7 × 7 = ..............

8 × 7 = ..............

9 × 7 = ..............

10 × 7 = ..............

11 × 7 = ..............

12 × 7 = ..............

>Make sure they learn the basic and easy rules first.
Starting with teaching your child is easy multiplication tables as a multiplication table.1.2.3.4.5.6.7
Difficult multiplication tables 8.9.10.11.12 until the child has acquired the basic, easy skills give him confidence that he can save the other multiplication tables.

# SECTION 8

$1 \times 8 = 8$

$2 \times 8 = 16$

$3 \times 8 = 24$

$4 \times 8 = 32$

$5 \times 8 = 40$

$6 \times 8 = 48$

$7 \times 8 = 56$

$8 \times 8 = 64$

$9 \times 8 = 72$

$10 \times 8 = 80$

$11 \times 8 = 88$

$12 \times 8 = 96$

# EXERCISES 8

1 × 8 = ..........

2 × 8 = ..........

3 × 8 = ..........

4 × 8 = ..........

5 × 8 = ..........

6 × 8 = ..........

7 × 8 = ..........

8 × 8 = ..........

9 × 8 = ..........

10 × 8 = ..........

11 × 8 = ..........

12 × 8 = ..........

# TEST
## Write down the correct result

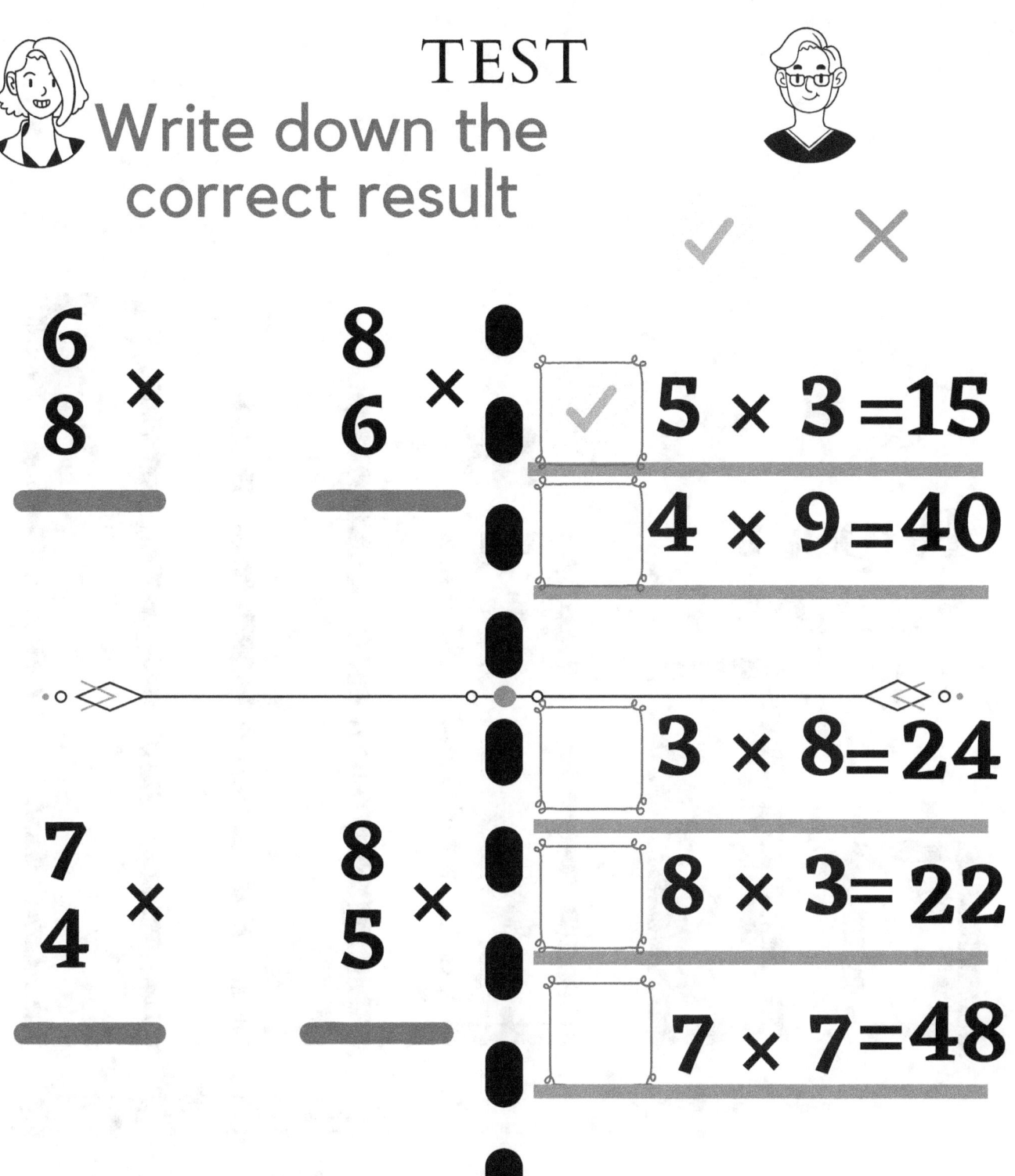

| | ✓ | ✗ |

6 × 8

8 × 6

7 × 4

8 × 5

✓ 5 × 3 = 15

☐ 4 × 9 = 40

☐ 3 × 8 = 24

☐ 8 × 3 = 22

☐ 7 × 7 = 48

For each correct answer 3 degrees.
Score in next page (30)

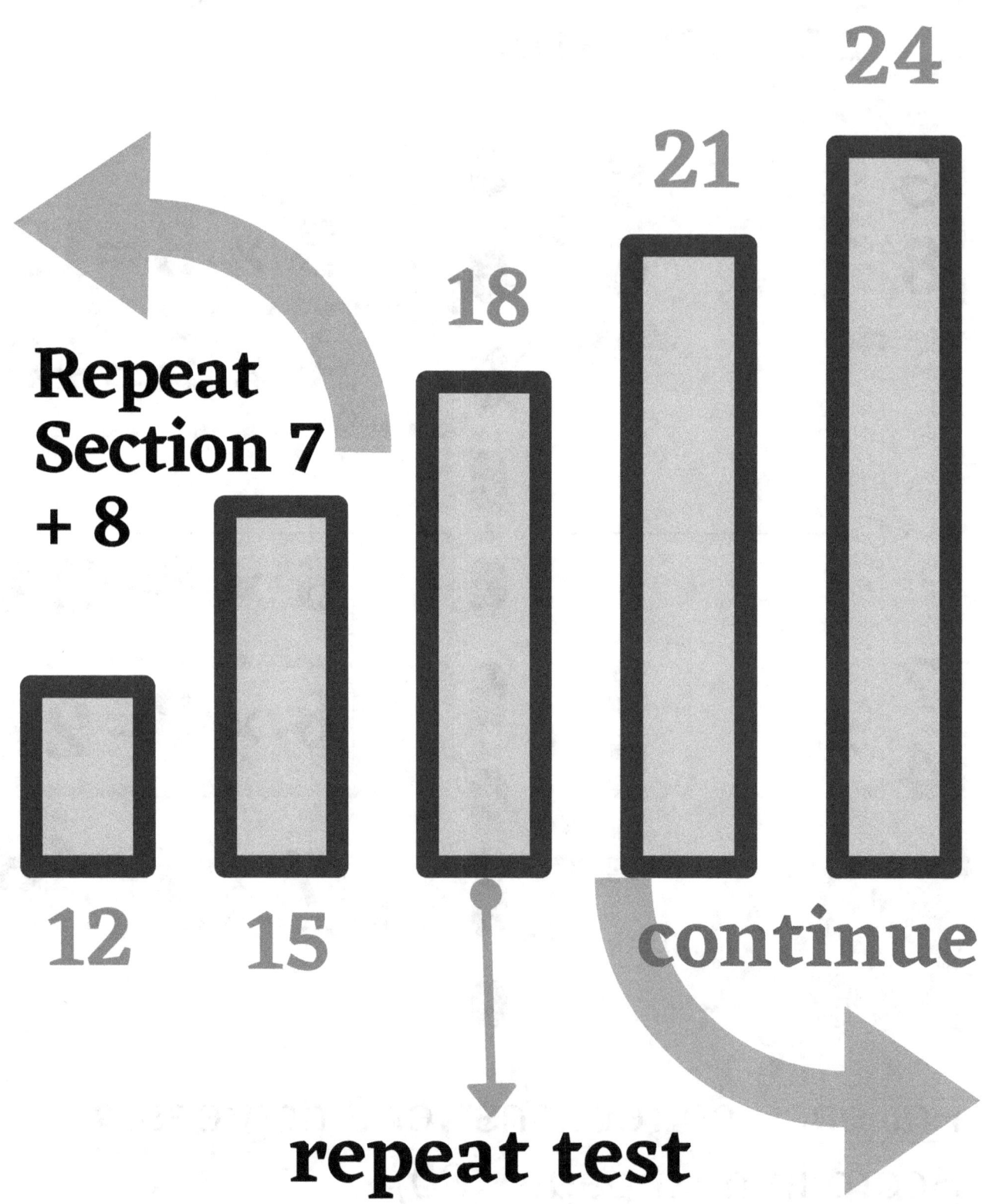

# SECTION 9

1 × 9 = 9
2 × 9 = 18
3 × 9 = 27
4 × 9 = 36
5 × 9 = 45
6 × 9 = 54
7 × 9 = 63
8 × 9 = 72
9 × 9 = 81
10 × 9 = 90
11 × 9 = 99
12 × 9 = 108

# EXERCISES 9

1 × 9 = ..............

2 × 9 = ..............

3 × 9 = ..............

4 × 9 = ..............

5 × 9 = ..............

6 × 9 = ..............

7 × 9 = ..............

8 × 9 = ..............

9 × 9 = ..............

10 × 9 = ..............

11 × 9 = ..............

12 × 9 = ..............

# SECTION 10

1 × 10 = 10
2 × 10 = 20
3 × 10 = 30
4 × 10 = 40
5 × 10 = 50
6 × 10 = 60
7 × 10 = 70
8 × 10 = 80
9 × 10 = 90
10 × 10 = 100
11 × 10 = 110
12 × 10 = 120

# EXERCISES 10

1 × 10 = .....

2 × 10 = .....

3 × 10 = .....

4 × 10 = .....

5 × 10 = .....

6 × 10 = .....

7 × 10 = .....

8 × 10 = .....

9 × 10 = .....

10 × 10 = .....

11 × 10 = .....

12 × 10 = .....

# TEST

Put a correct sign in front of the correct answer and a wrong sign in front of the wrong answer ✓ ✗

□ 10 × 7 = 10

□ 8 × 4 = 32

□ 7 × 9 = 63

□ 6 × 6 = 24

□ 9 × 8 = 72

□ 1 × 3 = 4

□ 8 × 11 = 96

□ 2 × 5 = 10

For each correct answer 3 degrees. Score in next page (36)

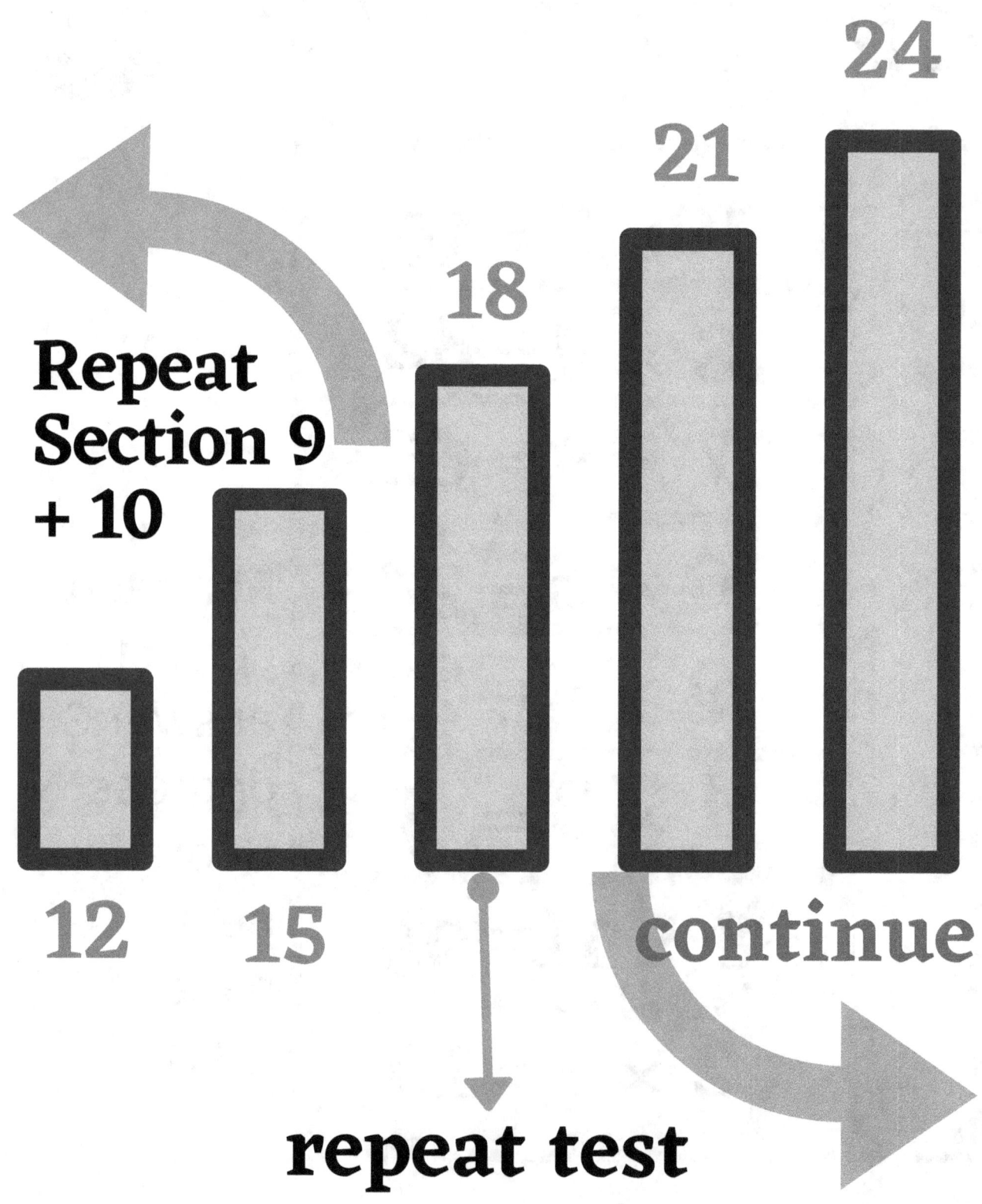

# SECTION 11

1 × 11 = 11
2 × 11 = 22
3 × 11 = 33
4 × 11 = 44
5 × 11 = 55
6 × 11 = 66
7 × 11 = 77
8 × 11 = 88
9 × 11 = 99
10 × 11 = 110
11 × 11 = 121
12 × 11 = 132

# EXERCISES 11

1 × 11 = .....
2 × 11 = .....
3 × 11 = .....
4 × 11 = .....
5 × 11 = .....
6 × 11 = .....
7 × 11 = .....
8 × 11 = .....
9 × 11 = .....
10 × 11 = .....
11 × 11 = .....
12 × 11 = .....

# SECTION 12

1 × 12 = 12
2 × 12 = 24
3 × 12 = 36
4 × 12 = 48
5 × 12 = 60
6 × 12 = 72
7 × 12 = 84
8 × 12 = 96
9 × 12 = 108
10 × 12 = 120
11 × 12 = 132
12 × 12 = 144

# EXERCISES 12

1 × 12 = ......
2 × 12 = ......
3 × 12 = ......
4 × 12 = ......
5 × 12 = ......
6 × 12 = ......
7 × 12 = ......
8 × 12 = ......
9 × 12 = ......
10 × 12 = ......
11 × 12 = ......
12 × 12 = ......

A comprehensive examination of the multiplication table.
> Section 1 : match the equation to the correct answer.
> Section 2 : put a true or false indication in front of the equation.
> Section 3 : Write the correct result.

> important note for teacher: The child must be well-mastered by training in the sub-exams on pages 6/14/22/29/35
Before the final exam is presented by the child
> the teacher should cut the final exam paper with the paper scissors and give it to the child to answer all questions.
> when your child successfully passes the final exam, Go to the next page 43 and give your child a great paper certificate for success.

## first attempt

Name:

Age:                                    Test time : 35

5 × 4 =          24

11 × 6 =         30

8 × 3 =          20

5 × 6 =          8

4 × 2 =          66

7 × 9 =          63

# first attempt

**Name:**

**Age:**                                    **Test time :35**

✓    ✗

☐  7× 7=28          ☐  9×4=36

☐  8× 7=56          ☐  2× 5=12

☐  6× 6=36          ☐  4× 3=12

5× 5 =            12 ×        4 ×
                     8          4
3× 8 =            ———        ———

1× 12 =

2× 10 =

**43**

# The second attempt

**Name:**

**Age:**                                         **Test time :35**

**5 × 4  =**                                24

**11 × 6  =**                               30

**8 × 3  =**                                20

**5 × 6  =**                                8

**4 × 2  =**                                66

**7 × 9  =**                                63

# The second attempt

Name:

Age:                              Test time :35

✓   ✗

☐ 7× 7=28            ☐ 9×4=36

☐ 8× 7=56            ☐ 2× 5=12

☐ 6× 6=36            ☐ 4× 3=12

5× 5 =

3× 8 =              12 ×        4 ×
                     8          4
1× 12 =             ———        ———

2× 10 =

**45**

46

## Paper certificate

**Name:** _____

**Age:** _____

**congratulations from the author**

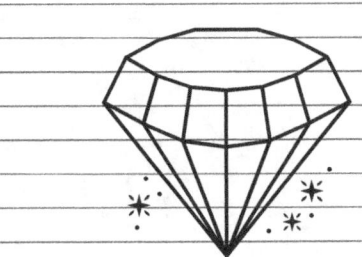

your child's picture

47

# Solutions

**Page 6:** 10 / 7 / 6 / 18 / 16

**Page 14:** ✗ / ✓ / ✓ / ✗ / ✗ / ✓

**Page 22:** 27 / 30 / 28 / 45 / 48 / 40 / 16 / 33

**Page 29:** 48 / 48 / 28 / 40  ✗
✓
✗
✗

# Solutions

**Page 35:**  ✗
  ✓
  ✓
  ✗
  ✓
  ✗
  ✗
  ✓

# Effective ways for children to memorize division

56 ÷ 7 =

10 ÷ 5 =

18 ÷ 2 =

Name:

Section:

## Level: 2

www.ingramcontent.com/pod-product-compliance
Lightning Source LLC
Chambersburg PA
CBHW080442220526
45465CB00007B/2731